科普漫画"好奇号"系列之

海洋奇遇记

周翠芳/文　　王文清/图

贵州出版集团
贵州人民出版社

前 言

　　2012年仲夏，我在泰国普吉岛第一次潜入大海。触手可及的鱼群蝴蝶般飞舞在身边，胖乎乎的海参在手指的触摸下越变越大，色彩斑斓的珊瑚礁与身姿曼妙的水下植物掩映成趣，尾随身后的小海龟悄悄告诉我：在陆地之外，还有一个玄妙绚丽的世界。现在，人们已经知道海洋深处还隐藏着山脉、丛林、洞穴、煤矿，以及各种让人眼花缭乱的海洋生物。但在几个世纪之前，海洋对人类而言，还是个住着妖怪和魔鬼的恐怖世界。

　　早在十五世纪，一些欧洲航海家曾公开宣称，靠近赤道及赤道以南的海洋，海水是沸腾的。船员们也认为，在海洋的大漩涡里，住着妖怪和魔鬼。在那里，人不仅会变成黑炭，滚烫的海水还会煮透人的身体，船只也会灰飞烟灭……幸好，吓人的传说已被勇敢的探险家们解密。

　　神秘的水下世界一直是探险家们最痴迷的探险目标之一。但是，你可能并不知道，海洋探险其实是欧洲人寻找香料之路的意外收获，就连世界地理的真实面目，也是在欧洲人争夺香料的过程中悄然揭开的。你一定无法想象，香料在人类历史上曾具有的特殊意义。在十五世纪的欧洲和东方，香料不仅是贵族身份的象征，也代表着权力、地位和财富。于是，探险家们趁机把探险与殖民结合起来，使探险变成了一个有利可图的冒险事业。

　　现在，请你打开这本漫画书，跟随小主人公"小迷糊"一行三人，开始神秘的海洋探险之旅吧。假如你够勇敢也够幸运，总有一天，你会进入它的怀抱，与那片不同凡响的世界深深拥抱。祝你好运！

目 录

第 1 章　香料博物馆……………………………………… 1

第 2 章　神游欧亚的威尼斯商人………………………… 13

第 3 章　除妖王子和魔鬼之海…………………………… 27

第 4 章　东方航线的神秘钥匙…………………………… 37

第 5 章　一个错误导致的伟大发现……………………… 51

第 6 章　他到达了真正的印度…………………………… 63

第 7 章　对面不识太平洋………………………………… 72

第 8 章　地球是圆的……………………………………… 83

第 9 章　寻找南方大陆…………………………………… 101

第 10 章　船长之死………………………………………115

人物介绍

杨小弥

外号小迷糊，小学六年级学生，好奇心强，崇拜探险英雄，酷爱各种美食。

杨洋妞

小迷糊的麻辣姐姐，活力四射、热情勇敢、帅气爱美，偶尔折腾小迷糊。

爷爷

真实姓名杨胡椒，老水手、超级大厨，见多识广，幽默智慧。是姐弟俩探险的强大后盾。

第1章
香料博物馆

你知道这些香料吗？

早期的调味香料，主要指胡椒、丁香、肉豆蔻、肉桂等有芳香气味或具有防腐功能的热带植物。这些植物的花果、叶、茎、根、皮通常都具有令人愉快的芳香气味，可以防止食物腐败，让食物变得更加美味。这样的香料也被称为天然香料，目前已知的天然香料有3000多种。

黑胡椒也被称做"黑色黄金"，原产于印度，后来传到世界各地。黑胡椒具有非常强烈而独特的辛辣味道，是烹制肉类或佐餐的常用香料。黑胡椒独特的味道来自胡椒碱，胡椒碱在光线的照射下，会流失一部分的香味，所以做牛排时，最好用手动胡椒研磨器现磨黑胡椒，能让它的芳香最大限度地挥发。黑胡椒温补脾肾的作用明显，可以治疗由脾肾虚寒导致的拉肚子症状。

黑胡椒

桂皮

桂皮又称肉桂、官桂或香桂，是最早被人类使用的香料之一。桂皮香气浓郁，可使肉类菜肴祛腥解腻，芳香可口，让人食欲大增。但佐餐时的用量不能太多，香味过重反而会影响菜肴本身的味道。在菜肴中适量添加桂皮，有助于预防或延缓衰老。由于桂皮性热，夏季尽量少食用，也不宜长期食用。

孜然

孜然又名安息茴香、阿拉伯茴香，孜然是除了胡椒以外的世界第二大调味品。孜然具有独特的薄荷、水果香味，还带有适口的苦味，对去除食品的腥膻味道作用明显，特别是烹调牛羊肉时，有很好的去腥膻味和增香的作用。也可用于糕点、洋酒、泡菜等的增香。

孜然遇油或经高温加热后，香味会越来越浓烈，所以是烧烤必备的香料。在印度，孜然还是配制咖喱粉的一种主要原料。

奇妙的调味香料博物馆

斯比瑟调味香料博物馆，是目前世界上唯一的一座调味香料博物馆。它位于德国汉堡的著名景区"仓库城"内。这家独具东方风格的小巧的博物馆，展示了九百多种来自世界各地的香料实物，每种香料都可以被触摸、品尝和观察。参观者还可以详尽了解各类香料在世界各地的种植、加工和传播过程，以及近500年来与香料有关的历史和文化。

这座博物馆也是很多幼儿园和小学的老师们开展教学活动的地方。通过预约，老师们可以带领整个班级的小朋友到博物馆参观。小朋友们可以一边听讲解员讲解香料的历史和故事，一边让自己的鼻子来一次相当刺激的"味道历险"。"历险"结束后，小朋友们要回答老师提出的相关问题，问题的答案都隐藏在馆内的说明文字中。参观完毕后，每人会得到一小份香料作为纪念品，当然，你也可以买一些香料带回家，在厨房里试试身手。

虽然这个香料博物馆面积不大，但每年都会吸引大量的游客，有时候，还会举办一些调味香料主题展览，无疑，这是热爱烹饪及烘焙的人们难以忘怀的一个好地方。

天下第一奇书《马可·波罗游记》

《马可·波罗游记》也被翻译为《东方见闻录》，是欧洲人撰写的第一部详尽描绘中国历史、文化和艺术的游记。这本书系统地介绍了欧洲通往亚洲大陆的陆路及海洋交通路线，描述了中国、中亚、西亚及南亚地区的地理状况，以及东方高度发展的文明和文化，使欧洲人大开眼界，在当时被誉为"世界一大奇书"。

《马可·波罗游记》极大地改变了欧洲人的世界地理概念，14—16世纪的地理学家们根据游记提供的地理素材，绘制出最早的世界地图，例如著名的卡泰兰世界地图上的亚洲东部和南部，就是根据游记中的描述绘制的。这幅地图一直是"地理大发现"前的世界地图蓝本，被航海家们奉为珍宝。葡萄牙、西班牙的航海家们就是借助这张地图来领导和组织海上探险活动的。

这本书还是许多探险家们的必读之书。由于马可波罗及欧洲商人的夸大和宣传，东方的印度和中国成了15世纪欧洲人心目中黄金、香料遍地的国度。统治者、冒险家、传教士和商人都想找到这块宝地，大发横财。于是横穿印度洋到达印度的航海探险，就在这个背景下首先开始了。

在马可波罗东方之行大约200年后，哥伦布扬帆出海时，手里拿的正是这本已经读过无数遍的游记。哥伦布不仅从这本书里看到了黄金，也从这本书的描述中看到了东方神秘的海洋，增强了远航的信心，这促使他意外地发现了美洲大陆。可以说，马可·波罗和他的《马可·波罗游记》为欧洲开辟了一个新时代。

小知识

马可·波罗纪念馆

马可·波罗是意大利威尼斯商人、旅行家、探险家。1254年，出生于克罗地亚一个商人家庭，他是历史上最早把中国系统介绍给欧洲的西方人，被誉为"中世纪的伟大旅行家"、"中西交往史上的友好使者"。在中国生活的17年间，马可·波罗到过中国的许多城市，扬州是他居住时间较长并唯一任职过的城市。

2011年4月18日，位于扬州古运河畔东关古渡附近的马克·波罗纪念馆正式开馆。这是中国唯一的马可·波罗纪念馆。

元代的扬州是江淮地区的政治、经济、文化、军事中心，地位举足轻重。根据记载，1282年至1284年，马可波罗曾在扬州为官三年，他对扬州以及所辖城镇的风土人情作了翔实的记载。正是由于这段渊源，2010年，经外交部同意、国家文物局批准，中国唯一的马可·波罗纪念馆在扬州市开建。

早在上世纪80年代初，扬州市曾在瘦西湖公园建立了马可·波罗史料陈列馆。1987年，陈列馆迁址天宁寺内，意大利威尼托区向扬州市赠送了威尼托区区旗、威尼斯的城市守护神铜飞狮，以及中世纪的世界航海图等展品，并派代表出席了开馆仪式。

2010年4月16日，扬州市与马可·波罗出生地科尔丘拉正式结为友好城市。科尔丘拉是克罗地亚共和国达尔马提亚省的一个岛屿，除保存着马可·波罗的故居，岛上至今仍居住着马可·波罗的后裔。

第 3 章
除妖王子与魔鬼之海

很少出海的航海英雄亨利王子

亨利王子的全名是唐·阿方索·恩里克，是葡萄牙国王若奥一世的三王子。他自幼沉静踏实，喜好钻研，认为地球上还有许多未知的大陆等待人们去发现。1415年，亨利王子随王国船队出征摩洛哥的休达，返回后，他就一心投身于航海事业，放弃了豪华舒适的宫廷生活，在葡萄牙西南角荒凉的萨格雷斯定居。在那里，他创立了一所航海学校和一个天文台，并从国外招聘了著名的宇宙学家和数学家，开设船坞建造船只。

经过多年的训练准备后，1418年亨利王子派出船队首次出航，并在当年发现了马德群岛的桑托斯港岛，又于次年发现了马德拉岛。其后，他派出的船队又相继发现了亚速尔群岛各岛屿、几内亚、塞内加尔、佛得角和塞拉里昂。

虽然亨利王子一生中只有很少的几次海上航行经历，但他却把人类对海洋的认识推向了一个前所未有的高度。在他的支持下，葡萄牙通过40年有组织的航海活动，逐渐成为欧洲的航海中心，拥有顶尖的造船技术，大批杰出的探险家或航海家，以及世界一流的船队。由他组织和资助的海洋探险，把探险与殖民结合起来，使探险变成了一个有利可图的事业。

1460年11月，亨利王子病逝，一个向海洋进军的年代终结。此后，葡萄牙人丧失了面对海洋无所畏惧的胆气，但在亨利王子去世15年之后，大海又迎来了一位新的征服者。一位叫裘安二世的葡萄牙国王，他不仅继承了亨利王子的事业，而且将它发扬光大。

印度洋真的是滚烫沸腾的吗?

印度洋是世界第三大洋,处于亚洲、非洲、南极洲和大洋洲大陆之间,它的大部分在南半球,覆盖着地球表面的1/7,亚非大陆和无数岛屿沐浴在它蔚蓝色的怀抱之中。但是,在地理学史上,关于印度洋是否存在的问题,地理学家们曾经有过激烈的争论。

古希腊地理学家托勒密依据自己的地球观和几何演绎推理,判定非洲大陆南端与亚洲之间由一座连绵不绝的山脉相连。而古希腊学者埃拉托色尼则猜想,印度洋与大西洋是连在一起的,在非洲的西南角有一条狭窄的水道,人们可以穿越水道进入印度洋的怀抱,传说很久以前就有人穿过这条水道到达了印度洋。这些说法不一的猜测一直困扰着人们,就连亨利王子也相信非洲与亚洲之间根本不存在海洋。

由于印度洋的主体海域位于赤道带、热带和亚热带范围内,因此也被称为热带海洋。印度洋地区的气候比较温暖,水温和气温都比较高,因此,一些航海家就公开宣称,靠近赤道及赤道以南的海洋,海水是沸腾的,船只到了那里就会被毁掉。

印度洋的海水真的是沸腾吗?航海勇士巴塞洛缪·迪亚士为人们解开了千年之谜。

第 4 章

东方航线的神秘钥匙

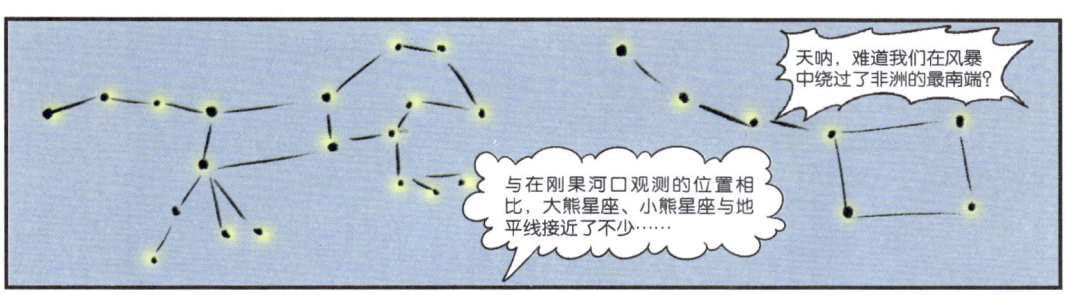

1488年2月3日,船队终于在天际之间看到了陆地的影子,一座高耸的山脉出现在眼前。

船队继续向东航行,不久抵达一个面向海洋的宽阔港湾,大家在海岸上立起一块石碑:阿尔戈阿湾。

继续航行很多天后,仍然没有看到期待中的印度。船员们开始围攻迪亚士。

迪亚士的重大发现

迪亚士是葡萄牙著名的航海家。他出生在葡萄牙的一个王族世家,他的祖父、父亲都是追随亨利王子的航海家。受父辈们的影响,迪亚士在青年时代就投身海洋探险活动,曾随船队去过西非一些国家,积累了丰富的航海经验。

1488年春天,迪亚士带领的航海探险队抵达了非洲最南端的好望角,这次海上探险在航海史和海洋地理学上都有着重要的意义,也为后来另一位葡萄牙航海探险家达·伽马直接开辟通往印度的新航线奠定了坚实的基础。

迪亚士发现好望角之后,好望角就成为欧洲人进入印度洋的海岸指路标。但是,自迪亚士发现它之后的十几年中,没有人再去那里冒险。12年后,迪亚士再次前往好望角,不幸的是,好望角却成了他的葬身之地。

作为一名海洋探险家,迪亚士的胆略和航海技术都是无与伦比的,他为地理大发现谱写了辉煌篇章,也把人类的视野从封闭的近海推到了5000千米外的辽阔海域。

十字角的海豹王国

"十字角",位于纳米比亚西海岸旅游城市斯瓦科普蒙德市以北115千米处。

1486年,葡萄牙冒险家欧格·卡恩首次从欧洲率船登上了这块土地,为纪念自己为葡萄牙发现了这块新领地,他在这片荒芜的岬角上,用花岗岩石块砌成一座十字架,并以国王约翰一世的名字命名,这里遂后被称为"十字角"。此后的500年中,乔装打扮的西方殖民者陆续从这个"桥头堡"登陆,开始殖民掠夺。

现在,"十字角"一带已成为遐迩闻名的海豹游览区,大约有10万头海豹聚集在这里,昼夜不停地哼叫着。游客们在那里可以亲眼目睹数以万计的海豹,像猪一样密密麻麻地拥挤在海滩上、礁石间、海水里享受生活。

由于十字角的海豹数量庞大,纳米比亚政府每年批准可以捕杀3000头小海豹,以保持海豹游览区的生态平衡,因此十字角海豹滩的海豹皮并不值钱,偶尔游客还会看到海豹皮被做成"苍蝇拍"摆在货架上,叫人啼笑皆非。

第 5 章
一个错误导致的伟大发现

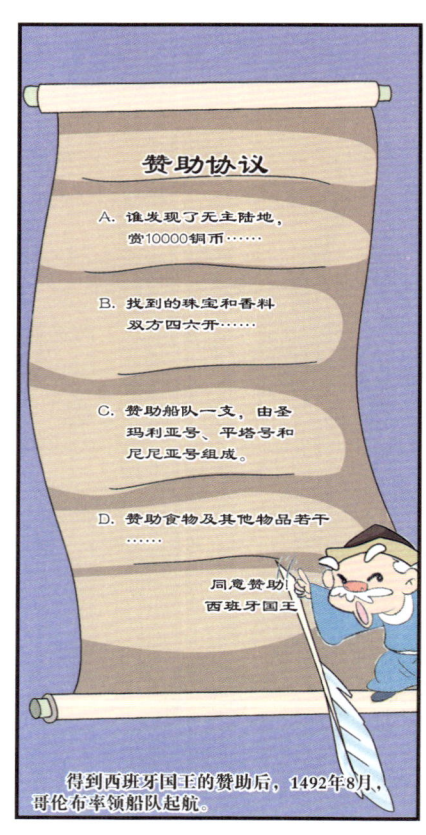

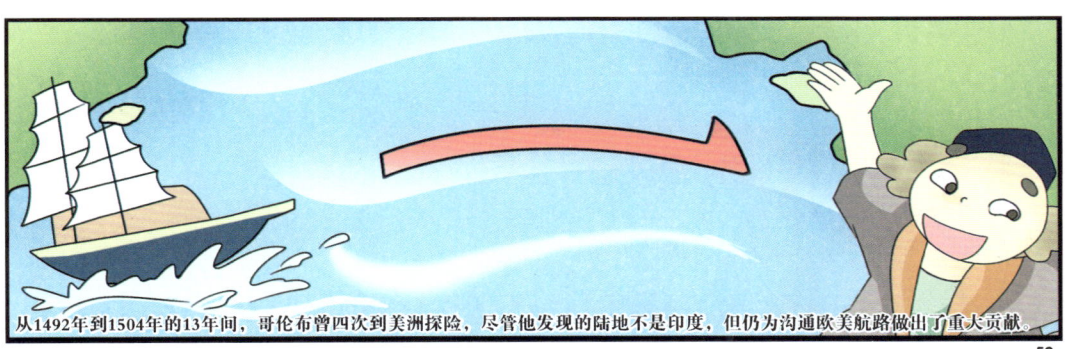

哥伦布发现美洲大陆

1451年，哥伦布出生在意大利的热那亚城，18岁时，就开始了航海生涯。他曾驾驶着不到两百吨的帆船向冰岛航行，战胜恶劣天气，冲过16米的大浪胜利返航。

15世纪末期，人们虽然知道地球是个球体，但这个球体究竟有多大，上面究竟有多少陆地和海洋，那些陆地和海洋又是如何分布的，人们依然无从知晓。哥伦布认为，既然地球是圆的，沿着非洲海岸线南航的计划是不可取的，从欧洲直接向西航行才是到达印度和中国的最短航路。于是，1492年8月，已经有23年航海经验的哥伦布，率领船队开始了闻名全球的航海探险。当年10月，哥伦布登上圣萨尔瓦多岛，标志着新大陆的发现和新旧大陆间海上航路的开通。此后的13年间，哥伦布曾4次到达美洲探险。

哥伦布一生的大半时间都是在大海上搏击风浪。有人称赞哥伦布是一个把船长、天文学家和舵手所具备的优点结合在一起的海员。他为沟通欧美航路做出了重大贡献，为此，曾有30多个国家发行了哥伦布航海探险的纪念邮票，以纪念这位伟大的航海家。

1506年5月20日，伟大的海洋探险家哥伦布与世长辞。这位美洲大陆的发现者，直到临死时仍然固执地认为他所到过的地方就是亚洲大陆。后来另一位航海洋探险家意大利人亚美利哥证实了哥伦布发现的不是亚洲，而是一块新大陆，这块大陆遂以亚美利哥的名字命名为"美洲大陆"，而哥伦布西行至亚洲的目标只有留给别人去完成了。

61

大西洋上的魔藻之海

大西洋是世界各大洋中最咸的大洋，在大西洋中部的海面，有一片被马尾藻覆盖的"海之绿野"，被人们称为"魔藻之海"。那是一片没有海岸的特殊水域，因海面上生长着大片绿色无根水草——马尾藻类而得名。那片水域不仅是大西洋中最咸的海区，也是世界上公认的最清澈的海。

马尾藻，是一种最大型的绿色无根水草，是唯一能在开阔水域上自主生长的藻类。这种植物像大木筏一样漂浮在大洋中，并通过分裂的方式蔓延生长。在海风和洋流的带动下，海面漂浮着的马尾藻，犹如一条巨大的橄榄色地毯，一直向远处伸展，呈现出一派迷人的田园风光。

马尾藻海的海平面要比美国大西洋沿岸高出1.2米，可是，这里的水却流不出去。除此之外，那里还是一个终年无风区。在蒸汽机发明以前，船只只得凭风而行。那个时候如果有船只贸然闯入这片海区，就会因缺乏航行动力而被活活困死。所以自古以来，马尾藻海被看作是一个可怕的"魔海"。

最令人不解的是，这个"草原"还会"变魔术"：它时隐时现，有时郁郁葱葱的水草突然消失，有时又鬼使神差地布满海面。表面恬静文雅的"草原"海域，实际上是一个可怕的陷阱，神秘的百慕大"魔鬼三角区"几乎全部在这里，经常有飞机和海船在这里神秘地失踪。1492年8月，航海家哥伦布率领的一支船队，就在那里被马尾藻包围了。他们在马尾藻海上挣扎了整整三个星期，才摆脱了危险，成功逃脱。

第 6 章
他到达了真正的印度

休整几天后，船队继续启航。1497年11月22日，船队幸运地绕过可怕的好望角，进入迪亚士曾经到达的莫塞尔湾。

1498年2月24日，船队到达了生长着茂密棕榈树的莫桑比克。

达·伽马发现阿拉伯船只来往于印度、波斯、阿拉伯半岛和东非之间，用的航海仪器也很高级，于是觐见莫桑比克的国王取经。

4月初，船队抵达肯尼亚的蒙巴萨港口。

船队被迫在印度洋上又行驶了3天，4月14日到达马林迪港口，抛锚停泊。

国王连续9天举办盛大的欢迎仪式，欢迎远道而来的朋友。

航海家达·伽马与印度

达·伽马，葡萄牙著名航海家，是一名出生于航海世家的贵族子弟。由于他开辟了从西欧经好望角抵达印度的新航线而举世闻名。

1460年，达·伽马出生于葡萄牙南部的港口城市锡尼什，父亲是一名出色的航海探险家，曾受命开辟通往亚洲的海路，但未能如愿实现便溘然辞世。达·伽马的哥哥巴乌尔也是一名终生从事航海工作的船长，1497年，曾随同达·伽马远航，探索通往印度的新航路。

青年时代的达·伽马曾在葡萄牙海军中服役，他精通数学和航海技术，指挥能力很强，参加过多次远航探险活动。1497年7月，达·伽受葡萄牙国王派遣，率船从里斯本出发，寻找通向印度的海上航路。

达·伽马的船队一路沿着非洲西海岸南下，经加那利群岛，绕好望角，经莫桑比克等地，于1498年5月20日到达印度西南部卡利卡特。1499年9月，达·伽马的船队历尽千辛万苦，满载着香料、珠宝、丝绸返回出发地里斯本。这标志着，从欧洲直达东方的海上新航路被他打开了。

1502年2月，达·伽马再度率领船队开始了第二次印度探险，目的是建立葡萄牙在印度洋上的海上霸权地位。同年10月回到了里斯本。据说，达·伽马那次航行掠夺而来的东方珍品包括香料、丝绸、宝石等，所得纯利超过第二次航行总费用的60倍以上。为此，他得到了葡萄牙国王的额外赏赐，于1519年受封为伯爵，1524年，被任命为印度副王。

　　1524年4月，达·伽马以葡属印度总督身份第三次赴印度，9月到达果阿，不久染病，当年12月死于柯钦。

　　达·伽马是一位坚强有力的领导，但是性格却"骄横跋扈，狂暴凶残"。但无论如何，他的伟大发现大大促进了欧亚之间的贸易交流，直接促进了人类史的世界化趋势和发展，具有巨大的意义。尤其新航道的开辟，为西方殖民者带来了巨大的经济利益，以至于半个世纪后，西方人仍旧念念不忘达·伽马的贡献，为他举行纪念活动。

海上凶神——坏血病

　　坏血病在历史上曾是严重威胁人类健康的一种疾病。过去几百年间，曾在海员、探险家及军队中广为流行，特别是在远航海员中尤为严重，故有"水手的恐惧"和"海上凶神"之称。

　　坏血病是由维生素C缺乏引起，所以又称为维生素C缺乏症。在世界航海史中，中国明朝郑和下西洋的船队却没受坏血病困扰。因为他们有一套独特的补充维生素绝招——吃豆芽、泡菜和腌菜。

　　史料记载，在郑和下西洋的粮船上，除了有稻谷之类的主要粮食外，还有黄豆、绿豆等富含维生素的豆类。远航途中，大量豆类生发而成的新鲜豆芽，为船员们有效的补充维生素C，防止了坏血的发生。研究表明，泡菜富含氨基酸和维生素，也是保存维生素的最好办法。后来，神奇的泡菜技术还传到了阿拉伯世界广为应用。

"大南海",一个美丽的误会

巴尔波亚发现"大南海"不久,葡萄牙领航员黄·德·索里士也向南航行,到达了巴西的里约热内卢,并继续航行到拉普拉塔河的入海内湾中,发现数千米内都是咸水,以为这就是与巴尔波亚发现的"大南海"相通的海峡,于是率领8名船员沿河向上考察。结果,他们被土著人捉去,7人被吃掉,一个幸免于难的船员逃回葡萄牙,声称在南纬40度找到了一个类似好望角的通向大南海的海峡。

其实,索里士根本没有找到大南海,巴尔波亚和谢兰虽然从太平洋的两端看到了太平洋,但他们都没有意识到自己已经发现了太平洋。可是他们这种不自觉的发现,仍然给欧洲地理学家以很大的启发,逐渐使人们意识到在真正的印度和"西印度"之间,有一片浩瀚的大洋,只是他们错误地认为,这片大洋比大西洋小得多。直到麦哲伦真正进入了太平洋,与欧洲人从印度洋东进的航路接上了头,这才纠正了人们对大南海的误解,让世人知道地球上还有个比大西洋、印度洋都大得多的太平洋。

巴尔波亚横穿陆地,费尽艰辛从大西洋海岸到达大南海,使人们觉得有必要寻找一条通向大南海的海峡,开辟直达东方"香料群岛"的航路。于是,到美洲去寻找一条沟通大西洋和大南海的海峡,就成为当时欧洲各国海洋探险家们争夺的目标。葡萄牙人麦哲伦就是其中的一位。

让探险家极度失望的太平洋

太平洋，地球上最大最深的海洋。占了地球海洋面积的45.8%，比大西洋、印度洋这两大洋加起来的面积还要大。太平洋并不像他的名字那样"太平"，相反充满了各种危险。

在地球上的各大洋中，太平洋的水温是最高的。它的平均表面温度为19°C，在北纬7°附近水温最高，在28°C以上。整个太平洋有四分之一区域的海面温度超过25°C。这种热带海面最容易形成台风，因此太平洋上每年总是台风频发，几乎占了世界全部海洋台风总量的70%，当台风登陆时，给人类带来巨大损失，在海洋上航行的船只遇到台风，后果更是不堪设想。太平洋还是海沟、火山和地震最多的大洋，总共有28条海沟，在众多海沟中分布着360多座活火山，约占全世界活火山的85%。那里地震频繁，约占全球地震总数的80%。

自从1920年7月12日巴拿马运河正式开放以来，太平洋不再是一片偏僻的水域，与大西洋交通便利。但在最初的四个世纪里，太平洋只是一个为满足欧洲人的进取心和贪欲而存在的探险地。不过，人们并没有在那里取得显赫的成就。太平洋离欧洲过于遥远，没有黄金也没有白银，那里的居民也不大可能被变作奴隶。与美洲和印度群岛的香料岛屿相比，那里的农产品在探险家眼里，简直不值一提。

第 8 章
地球是圆的

4月7日，船队来到菲律宾群岛中意庶的宿务岛。

麦哲伦为酋长举办了庄严的洗礼仪式。

很快，麦哲伦船队归来的消息传遍了欧洲。死里逃生归来的船员们都成了人们追捧的明星。

第一位环球旅海家麦哲伦

1480年，麦哲伦出生在葡萄牙南部的一个小城，他的童年时代，正是葡萄牙利用海上贸易和殖民活动拼命向海外扩张的时代。麦哲伦从小就立志要参加航海和探险，去东方获得财富和声望。

16岁时，麦哲伦进入国家航海事务厅工作，在那里麦哲伦学到了很多航海方面的知识和一些地理学的最新理论，他也看到很多航海方面的秘密报告。1514年—1516年期间，不断有航海家、地理学家、宇宙学家报告他们找到沟通大西洋和大南海之间的那个海峡，并有人把它绘制在地球仪上。这些远洋资料和动态，坚定了麦哲伦到达东方香料群岛寻求荣誉和财富的信念。

麦哲伦是个胆识过人的航海家，更是一位贪婪的探险家和狂热的宗教迷。他和哥伦布一样，一生都沉浸在黄金与荣誉的美梦中不能自拔，但他头顶上并没有顶着幸运星。在他实现了自己的航海计划时，没有及时返航，为规劝土著酋长皈依基督教，把宝贵的生命无辜地葬送在一场土著人之间的激战中。但是维多利亚号的返航，第一次向世人证明：地球是圆的，地球表面存在着一个统一的大洋。

麦哲伦发起的那次全球航海探险，历时1081天，航行约85700千米，发现了沟通两大洋的海峡，征服了太平洋、印度洋和大西洋，从根本上改变了人们对地球的认识，大大丰富了人们的海洋知识。这也是地球在宇宙中旋转以来，人们第一次破天荒地绕地球航行一周，他和同时代的那些伟大的航海家们，给了人们一个新的地球。

英国女王最喜欢的海盗船长

16世纪后期，英国成为海上的霸主。英国人弗朗西斯·德雷克成为继麦哲伦之后，第二位成功环球航行的航海家，也是历史上第一位活着完成环球航行的航海家。

弗朗西斯·德雷克，出生于英国德文郡一个贫苦农民的家中，从学徒干到水手，最后成为商船船长。1568年，德雷克和他的表兄约翰·霍金斯带领五艘贩奴船前往墨西哥，由于受到风暴袭击而向西班牙港口求援，但是西班牙人对他们的欺骗险些让他丢了性命。从此他发誓在有生之年一定要向西班牙复仇。

1572年，德雷克召集了一批人横穿了美洲大陆，第一次见到了浩瀚的太平洋，同时在南美丛林里抢劫了运送黄金的骡队，接着又打下几艘西班牙大帆船，最后成功地返回了英国。他由此成为女王的亲信。

1577年德雷克奉女王之命，乘金鹿号出航探险。在这次著名的探险中，德雷克不仅发现了合恩角和德雷克海峡，还直奔美洲沿岸，向西班牙船队发起了进攻，大肆劫掠西班牙商船。1580年9月，金鹿号满载抢来的金银珠宝抵达英国的普利茅斯，完成了世界航海史上最负盛名的一次"环球海盗航行"。英国女王伊丽莎白亲自登船慰问，并赐予德雷克爵士头衔。德雷克的这次航行是继麦哲伦环球航行之后，第二次成功环球航行。自此以后，太平洋再也不是西班牙一家的天下了。

1587年，英西海战爆发，德雷克的海盗船队在这次英国击败西班牙无敌舰队的战争中起到了至关重要的作用，德雷克也因此被封为英格兰勋爵，登上海盗史册的最高峰。1596年1月28日，这位伊丽莎白一世女王最喜欢的海盗船长，因痢疾病逝于巴拿马。德雷克是个备受争议的人，在西班牙他是恶名昭著的海盗；在英国，他却是名留千古的英雄。自1937年—1970年的33年间，英国的半便士钱币上一直以德瑞克的金鹿号为图案，表达了英国人对这位"皇家海盗"船长的怀念和敬意。

…

1772年，库克船长再次率船队远航，继续寻找南方大陆。船队越过南极圈，到达格尔格伦岛和克罗泽群岛，发现了库克群岛，并进入南极圈，在南太平洋环绕航行，后因浮冰阻拦，无法前行，于1775年7月29日返回英国。

　　这次航行历时3年17天，总航程48000千米，相当于环绕地球一圈半，途中仅有四名海员意外身亡，创造了海洋探险史上的一大奇迹。库克船长也因成就卓越，被英国皇家学会正式接纳为会员，并荣获"科普利"金质奖章。

世界第八大奇观——大堡礁

大堡礁，是澳大利亚东北海岸外一系列珊瑚岛的总称。是世界上最大的活珊瑚礁群，被誉为"世界第八大奇观"。

大堡礁纵向分布在离岸16～240千米的珊瑚海上，大致延昆士兰海岸绵延2000多千米，包括3000个岛屿，分布面积达34.5万平方千米。那里露出海面的礁、岛星罗棋布，暗藏在水下的岩石密如繁星，航道曲折而复杂，是世界上最危险的航道之一。大堡礁的南面距海岸240千米，而北面离陆地靠得很近，只有一条狭长的水道，船只由此通过，才能免遭粉身碎骨的厄运。

当年，库克船长和他的科考队陷入了大堡礁的包围中，他们通过今天被称做"库克航道"的海域后，在蜥蜴岛北面找到了生路，逃出了大堡礁，进入了珊瑚海东面的深水海域。

恐怖的食人族

食人族，就是吃人肉的族群，确实存在。在哥伦布第二次穿越太平洋的探险中，随船医生在家书中叙述了在一个小岛上发生的食人故事，这个小岛就是今天的瓜得鲁普。船员们的亲眼所见，证实了食人族的存在。

113

当雄心勃勃的探险家探索大南海时，发现了更多人吃人的例子。在十八世纪的很多故事中，都记录了美拉尼西亚的食人族。他们会把俘获的敌人全部吃掉，丝毫也不浪费，骨头磨成针，用来缝制帆布。当库克船长首次遇到毛利人时，他们比手划脚地教他如何剔净人骨，但库克船长的描述在欧洲受到质疑，致使一些毫无防备的探险者，被食人族击败并吃掉。

食人族吃人的原因很复杂，饥饿、宗教上的某种观念、精神异常都会导致人吃人事件的发生。有人甚至公开地食用他人或自己的肉以表达仇恨、报复、信念、勇猛和忠诚，有些食人部族甚至用吃同族人的肉来祈祷丰收。据记载，中国历史上，新朝的建立者王莽，被认为是一位大逆不道的篡位者，于是在他倒台后，他的身体被人剁成碎块进而烹食，以示愤恨。

2002年12月12日，德国《图片报》以"食人狂大嚼'面包圈'为题，报道了一起耸人听闻的案件。46岁的阿明·梅韦斯是同性恋，1997年警察发现他吃了一个人，并在他郊外的家中找到一些冷冻的碎肉和人骨。这则报道让人们惊异地发现，恐怖的食人狂就隐藏在离自己很近的地方。

第10章
船长之死

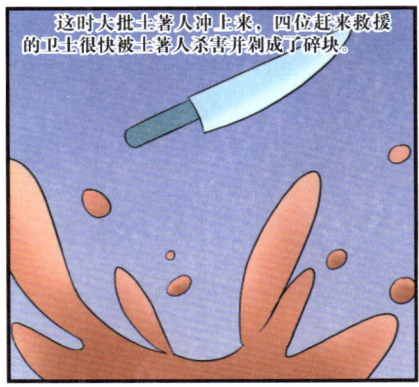

杰出的航海家库克船长

詹姆斯·库克船长是世界航海史上的一颗明星。1728年，他出生在英国约克郡一个贫寒的农民家庭，他做过马夫、裁缝店的伙计、运煤船上的学徒和大副。运煤船的老板是位德高望重的老人，他经常鼓励这个聪慧的学徒学习各种知识，并给他阅读自己私藏的一些古老游记，使库克受益匪浅。

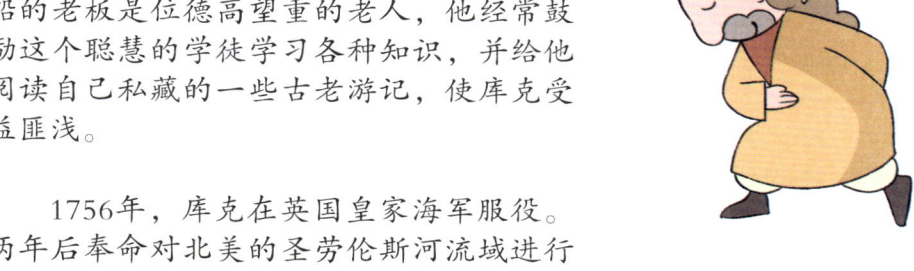

1756年，库克在英国皇家海军服役。两年后奉命对北美的圣劳伦斯河流域进行考察，他绘制了很多地区的海岸图，并对北美大陆东岸做了精细的勘测工作，出色的工作使他获得了"海图绘制家"的声誉。据这些水域的人说，150年前库克绘制的地图，即便在今天看来仍然准确无误。

年轻的库克身上有一种优秀的品质，他总是做得比别人要求的更多，因而也会获得超乎想象的回报。后来，库克给皇家海军写申请报告，要求专门从事海洋探险，他的要求得到批准。1766年8月，库克成功观测到一次日偏食，出色的观测报告送到皇家学会后，得到权威人士的赞赏。此时，这个权威机构正需要一个优秀的人才来统领一支太平洋远征探险队进行天文观测，并完成在南纬40度寻找"南方大陆"任务，于是库克被选为总指挥，并由英国皇家授予上尉军衔。1768年8月26日，库克船长率领几十名科学家从英国普利茅斯港起航，开始了他的海洋探险生涯。

从1768年到1779年，詹姆斯·库克船长进行了三次南太平洋考察，将新西兰和澳大利亚纳入英国版图，并发现了夏威夷。1779年1月17日，库克船长在第三次航海探险中，探险队与夏威夷土著人发生了冲突，51岁的库克船长在激战中不幸身亡。

库克船长一生矢志海洋，无畏探险，绝大部分时间都是在航海中度过的，为海洋科学做出了巨大贡献。尽管库克船长没有找到梦寐以求的南方大陆，也未能打通从太平洋到大西洋的北方航道，但他的三次航海却澄清了地理大发现时期遗留下来的许多琢磨不清的问题，并对新发现的太平洋的几乎所有岛屿进行了详尽的考察，确定了精确的地理位置，为人类在太平洋领域的考察留下了珍贵的文献。

后来的许多探险家们这样评论库克船长：无论过去还是将来，库克船长都是杰出的航海家，不论是他的品行还是航海能力，都当之无愧地排在各国水手之首。他已经做得足够好，留给我们的只有对其工作的无限敬仰。

柠檬汁战胜恼人的坏血病

库克船长不仅是有史以来最伟大的航海家之一，还是一位极富人情味的船长。

在未知世界危机四伏、漫长苍凉的探险活动中，跟随他探险的海员没有一名死于坏血病，创造了航海奇迹。在他发表用柠檬汁或酸橙汁防治坏血病的实验报告之前，航海界普遍认为，长途旅行，因坏血病而减员是不可避免的。一次航行通常会有15%～30%的船员死于坏血病，船员的死亡率低于10%会被认为是巨大的成功。

对库克船长来说，船员们的健康一直是头等大事。他的方法是给水手们吃大量新鲜蔬菜、脱水蔬菜以及卷心泡菜，让他们饮用柠檬汁或酸橙汁。由于海员们坚持吃咸肉，不肯吃能够预防坏血病的柠檬汁，库克船长还曾鞭打过他们。库克船长防治坏血病的方法，拯救了大量水手的生命，他是首位以积极的科学态度关心下属健康的大航海家。